U0169484

防灾减灾科普系列丛书

洪 涝
防范与应急

应急管理部国家减灾中心 编

应 急 管 理 出 版 社

·北　京·

图书在版编目（CIP）数据

洪涝防范与应急 / 应急管理部国家减灾中心编 . -- 北京：应急管理出版社，2024

（防灾减灾科普系列丛书）

ISBN 978-7-5020-9705-9

Ⅰ.①洪… Ⅱ.①应… Ⅲ.①防洪—青少年读物 Ⅳ.①TV87-49

中国版本图书馆 CIP 数据核字（2022）第 217731 号

洪涝防范与应急（防灾减灾科普系列丛书）

编　　者	应急管理部国家减灾中心
责任编辑	曲光宇　李雨恬
责任校对	孔青青
封面设计	王晓武

出版发行　应急管理出版社（北京市朝阳区芍药居 35 号　100029）
电　　话　010-84657898（总编室）　010-84657880（读者服务部）
网　　址　www.cciph.com.cn
印　　刷　北京世纪恒宇印刷有限公司
经　　销　全国新华书店

开　　本　880mm×1230mm¹/₃₂　印张　2　字数　36 千字
版　　次　2024 年 3 月第 1 版　2024 年 3 月第 1 次印刷
社内编号　20221549　　　　定价　35.00 元

版权所有　违者必究

本书如有缺页、倒页、脱页等质量问题，本社负责调换，电话：010-84657880
（请认准封底防伪标识，敬请查询）

我国是世界上自然灾害最严重的国家之一，灾害种类多、发生频率高、分布地域广、造成损失大。据国家防灾减灾救灾委员会办公室、应急管理部发布2023年全国自然灾害基本情况相关数据显示，2023年全年各种自然灾害共造成9544.4万人次不同程度受灾，因灾死亡失踪691人，直接经济损失3454.5亿元。

防灾减灾宣传教育是预防和减少灾害损失的有效手段。党的十八大以来，习近平总书记高度重视防灾减灾救灾工作，在2016年7月河北唐山考察时提出，提高全民防灾抗灾意识，建立防灾减灾救灾的宣传教育长效机制，全面提高国家综合防灾减灾救灾能力；在2019年11月的中央政治局第十九次集体学习时强调，要牢固树立安全发展理念，完善公民安全教育体系，推动安全宣传进企业、进农村、进社区、进学校、进家庭，加强公益宣传，普及安全知识，培育安全文化；在二十大报告中强调，全面加强国家安全教育，提高各级领导干部统筹发展和安全能力，增强全民国家安全意识和素养，筑牢国家安全人民防线。

历史的经验教训告诉我们，具备充分的防灾减灾意识，掌握必要的防灾自救知识，采取科学的防灾避险行动，是减少灾害损失、保护自己和家人生命安全的有效途径。

为此，应急管理出版社小海马科普工作室专门策划了"防灾减灾科普系列丛书"之《地震防范与应急》《台风防范与应急》《洪涝防范与应急》《森林草原火灾防范与应急》和《山体滑坡和泥石流防范与应急》，由应急管理部国家减灾中心组织专家进行编写。"防灾减灾科普系列丛书"以通俗易懂的语言、翔实生动的案例，全面介绍各类自然灾害的应急避险方法和技能。

希望该套读物的出版，能够激发大家学习防灾避险知识的热情，提供掌握有效自救互救技能的渠道，为减轻自然灾害损失、保护生命财产安全贡献力量。

编者

2024 年 1 月

目次

CONTENTS

一 认识洪涝灾害

认识洪涝灾害

（一） 什么是洪涝

　　洪涝包括洪水和雨涝两类。其中，由于强降雨、冰雪融化、冰凌、堤坝溃决、风暴潮等原因引起江河湖泊及沿海水量增加、水位上涨而泛滥以及山洪暴发的现象称为洪水；因大雨、暴雨或长期降雨量过于集中而产生大量的积水和径流，排水不及时，致使土地、房屋等渍水、受淹的现象称为雨涝。

　　由于洪水和雨涝往往同时或连续发生在同一地区，有时难以准确界定，往往统称为洪涝。洪水按照成因，可以分为暴雨洪水、融雪洪水、冰凌洪水、风暴潮洪水等。根据雨涝发生季节和危害特点，可以将雨涝分为春涝、夏涝、夏秋涝和秋涝等。

（二） 什么是洪水

　　洪水是由于降水或融雪等自然因素引起的江、河、湖、库等水位猛涨的水灾现象。在我国，洪水灾害主要发生在长江、黄河、淮河、海河的中下游地区。

　　洪水主要是由气候异常以及降水集中、量大而引发的。当洪水发生在有人类活动的地方，就有可能成灾，甚至会导致泥石流等次生地质灾害。

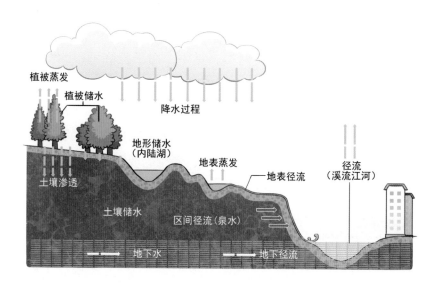

　　洪水可分为河流洪水、湖泊洪水和风暴潮洪水等，其中，按照成因不同，河流洪水可以分为多种类型。洪水类型及特征说明见表1。

表 1 洪水类型及特征说明

类型	特征说明
暴雨洪水	（1）暴雨洪水是由较大强度的降雨形成的，简称雨洪。 （2）暴雨洪水是最常见、威胁最大的洪水。 （3）在中低纬度地带，洪水的发生多由暴雨造成。 （4）江河流域面积大，且有河网、湖泊和水库的调蓄，各支流的洪水过程往往相互叠加，洪峰涨落较平缓。小河流的流域面积和河网的调蓄能力较小，一次降雨就可能形成一次涨落迅猛的洪峰。 （5）短时间在山谷内发生暴雨时，流量会有几倍到几十倍的增加，咆哮而下的上游洪水，具有巨大的破坏力，造成的灾害不能轻视
山洪	（1）山洪是指山区溪沟中发生的暴涨洪水。由于地面和河床坡降都较陡，降雨后产流、汇流都较快，因此形成急剧涨落的洪峰。 （2）山洪具有突发性、雨量集中、破坏力强等特点，常伴有泥石流、山体滑坡、塌方等次生灾害
融雪洪水	（1）融雪洪水是由积雪融化形成的洪水，简称雪洪，融雪洪水一般发生在春、夏两季。 （2）融雪洪水主要发生在高纬度积雪地区或高山积雪地区。 （3）影响雪洪大小和过程的主要因素包括积雪的面积、雪深、雪密度、持水能力、雪面冻深、融雪的热量（其中一大半为太阳辐射热）、地形、地貌、方位、气候和土地使用情况等

类型	特征说明
冰凌洪水	（1）冰凌洪水又称凌汛，主要发生在初春。 （2）冰凌洪水是河流中因冰凌阻塞和河道内蓄冰、蓄水量的突然释放，而引起的显著涨水现象。它是热力、动力、河道形态等因素综合作用的结果。 （3）冰凌洪水常发生在黄河、松花江等北方江河中。由于河道中的某一河段由低纬度流向高纬度，在气温回升时，低纬度河段上游先解冻，而高纬度仍在封冻，上游来水和冰块堆积在下游河床，形成冰坝，造成洪水泛滥。 （4）河流封冻时也可能产生冰凌洪水
溃坝洪水	（1）溃坝洪水是堤坝或其他挡水建筑物瞬时溃决，水体突然涌出所形成的洪水。 （2）溃坝洪水属于非正常、难以预料的突发事件，其运动速度和破坏力远比一般洪水大，造成的灾害往往是毁灭性的

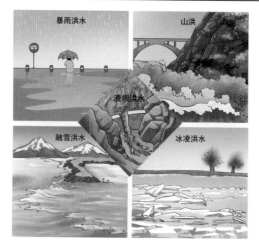

（三）历史上的洪涝灾害

回顾近年来发生的洪涝灾害，1998 年长江特大洪水、河南郑州"7·20"特大暴雨灾害……灾难深重的场面令人警醒。

➤ 1998 年长江特大洪水

1998 年 6 月中旬至 9 月上旬，我国南方特别是长江流域及北方的嫩江、松花江流域出现历史上罕见的特大洪灾，是继 1954 年以来的又一次全流域性大洪水。6 月中旬起，因洞庭湖、鄱阳湖连降暴雨、大暴雨使长江流量迅速增加，受上游来水和潮汛共同影响，江苏省沿江潮位自 6 月 25 日起全线超过警戒水位，其中南京站高潮位 7 月 6 日达 9.90 米；秦淮河东山站最高水位达 10.28 米，居历史第三位；滁河晓桥站最高水位达 11.29 米，超出警戒水位 1.79 米。1998 年长江特大洪水与历史上的大洪水相比，主要的不同在于，1998 年洪水期间长江干流中下游和洞庭湖、鄱阳湖主要控制站的洪峰水位明显偏高，高水位持续时间较长，分洪溃口少。据统计，全国共有 29 个省（自治区、直辖市）遭受不同程度的洪水灾害，江西省、湖南省、湖北省、黑龙江省、内蒙古自治区和吉林省等受灾最重。

➤ 2017 年湖南洪灾

2017 年 6 月 22 日，湖南省普降大到暴雨，平均降雨量197.3 毫米。6 月 30 日 14 时，湘江、资水、沅水三条干流及洞庭湖区共 24 个水位站超警戒水位。7 月 2 日 20 时 20 分，湘江长沙站水位达到 39.49 米。湘西土家族苗族自治州泸溪县连续遭受暴雨和山洪灾害，数万群众被紧急转移安置。据湖南省防汛抗旱指挥部统计：截至 6 月 30 日 15 时 30 分，暴雨造成 14 个市州 117 县（市、区）共 1196 个乡镇 334.52 万人受灾，紧急转移人口 26.32 万人，农作物受灾面积 23.83 万公顷，倒塌房屋 5141 间。

➤ 河南郑州"7·20"特大暴雨灾害

2021 年 7 月 17—23 日，河南省遭遇历史罕见特大暴雨，导致严重城市内涝、河流洪水、山洪、滑坡等多灾并发，造成重大人员伤亡和财产损失。灾害共造成河南省 150 个县（市、区）1478.6 万人受灾，因灾死亡失踪 398 人（其中郑州市380 人，占全省 95.5%），直接经济损失 1200.6 亿元（其中郑州市 409 亿元，占全省 34.1%）。灾害发生后，党中央、国务院高度重视，习近平总书记对防汛救灾工作作出重要指示，要求始终把保障人民群众生命财产安全放在第一位，抓细抓实各项防汛救灾措施。解放军和武警部队迅速投入抢险救灾，为做好防汛救灾工作注入了强大动力、提供了坚强保障。时任总理李克强多次作出重要批示，主持专题会议部署，深入河南灾区考察，要求抓实防汛救灾措施，加快恢复重建，严肃认真开展灾害调查工作。为查明问题、总结经验、吸取教训，国务院成立河南郑州"7·20"特大暴雨灾害调查组，2022年1月21日，河南郑州"7·20"特大暴雨灾害调查报告公布。

➤ "22·6"北江特大洪水

2022年5月下旬至6月上中旬，我国华南地区遭遇自1961年以来第二强的"龙舟水"过程。受其影响，珠江流域连续形成2次流域性较大洪水，北江出现自1915年以来最大洪水，北江上游新韶站、下游石角站均出现超100年一遇的洪峰流量。6月16日，据广东省气象局统计，2022年"龙舟水"期间（5月21日至6月15日），广东省平均累计降雨量已达404.5毫米。该数据已超过有气象记录以来气象学上每年"龙舟水"统计日期内（5月21日至6月20日）的广东历史平均雨量（324.4毫米），以及近10年最大雨量（383.7毫米）。广东省为了对"22·6"北江历史大洪水进行全面还原，于2022年6月底，在省水利厅的统筹部署下，省水文局开展了洪水调查工作。调查河段累积长度近2000公里，布设调查断面487处，测量洪痕1306处，调查受淹村庄539个、淹没区域67个，收集79宗水利工程调度资料，并开展了潖江蓄滞洪区和波罗坑专项调查工作。截至2022年12月29日，已完成调查报告编制工作。

二 灾前预防准备

灾前预防准备

- 🌊 学习洪涝避险知识
- 🌊 了解应急避难场所
- 🌊 准备应急物资

（一）学习洪涝避险知识

家庭是社会的基础单元，每当发生灾害，家庭都会受到不同程度的影响。因此，在日常生活中，每个人都应该树立防范洪涝灾害风险的意识，要在平时多学习掌握洪涝避险、自救互救知识，提高应对洪涝灾害的能力。有备而无患，有了防洪意识这根弦，家庭就多了一份安全保障，当洪水灾害发生时，就能有更充足的准备和更从容的应对能力。

收到暴雨或洪水预警信号，及时做好预防措施；当地发出撤离通知时，应根据安排有序撤离

备足速食食品或者蒸煮够食用多天的食品，准备足够饮用水和日用品。在离开房屋漂浮之前，要吃些食物喝些热饮料，以增强体力

在洪涝来临前，我们有必要采取一定的措施，要记住一些基本原则，以最大程度减少灾害损失：①要充分重视天气预报，及时收听、收看气象部门通过手机、电视、广播、报刊等媒体发布的天气预报与气象预警信息，并根据预报采取相应的防御措施；②要做好防汛物资准备和家庭防护准备，这样在灾害来临前才能有备无患；③要听从指挥，当接到有关洪涝灾害的警报时，听从当地政府的统一安排；④要牢记临危不乱，主动增强风险意识，灾害来临时保持冷静。

每年的 5 月 12 日是"全国防灾减灾日"，各级应急管理部门通过制作防洪减灾科普挂图、播放防洪减灾知识影片、发放防洪减灾材料、开展防洪减灾知识竞赛、举行紧急避险与疏散演练等方式，广泛开展防灾减灾宣传教育活动。我们要抓住这个机会，积极参加各种宣传活动，收听相关讲座，主动领取宣传材料，主动学习以解决心中困惑。

（二）了解应急避难场所

应急避难场所是为应对突发性自然灾害和事故灾难等，用于临灾、灾时、灾后人员疏散和避难生活，具有应急避难生活服务设施的一定规模的场地和按应急避难防灾要求新建或加固的建筑。在受到洪水灾害的影响、失去住所的情况下，我们的生命和财产安全面临威胁，此时，应急避难场所作为临时安置场所，起到了及时、有效的庇护和救助作用。

按照功能等级，应急避难场所可以划分为3类：①紧急避难场所，其配有应急休息区、厕所、交通标志、照明设备、广播、垃圾收集点等；②固定避难场所，除包含紧急避难场所的配置外，还包含住宿区、物资发放区、医疗卫生救护区等；③中心避难场所，其是比较长期的固定避难场所，并单独设置应急停车区、应急直升机停机坪、应急通信、应急供电设施等。

应急避难场所一般会选在既有宽阔的空间，又能方便集合周围人群的地方，如公园、绿地、广场、体育场、学校操场和停车场等。除正规建设和标识的应急避难场所外，在紧急情况下，学校、开阔场地、小公园等地方也能作为临时避难场所。

为及时找到、正确使用应急避难场所，要做到以下5点：

①熟悉居住地周围的环境，平时注意了解、熟悉所在地的地理位置、应急疏散路线图、避难场所出入口设置、应急避险指示标识以及避难场所设施使用注意事项等；②应急疏散时，采取就近原则，迅速到达最近的避难场所；③可通过相关政府网站、公众号、地图软件等查询和搜索应急避难场所的相关信息；④赶往应急避难场所时最好带上应急物品，应急避险时如有广播，应仔细倾听，遵循广播指引的疏散路线和注意事项；⑤平时应积极参加应急避险培训和演练，提高自救互救意识和技能等。

（三）准备应急物资

家庭防汛应急物资见表 2。

表 2　家庭防汛应急物资

物品类型	物品说明
多功能手电筒	多功能手电筒集手摇充电电筒、手摇手机充电、报警器或闪光求救（一红灯和一蓝灯）、高灵敏高保真收音机、高亮 LED 灯于一体

物品类型	物品说明
求救警哨	求救警哨是一种铁哨，用于洪水、地震、行车突发事件等紧急情况下的求救，注意清洗后干燥保存
点塑防滑手套	点塑防滑手套最好是全棉制作，其防滑耐磨、透气吸汗
多功能雨衣	多功能雨衣除可用作雨衣防雨外，也可以将其自带的金属系绳扣用绳拉起作为简易的遮雨棚或者遮阳棚使用，展开面积为 125 厘米 ×210 厘米，可以容纳 3 ~ 5 人。另外，也能作为接水布使用，当遇到突发灾难，水资源匮乏或者水资源遭到污染时候，可以用来接雨水，通过净水片过滤后使用，使用后应及时晾干，折叠保存。注意防止锐器对雨衣的损坏
防风打火机	防风打火机可在应急情况下作为火种使用，如遇到突发灾难，寒冷天气被困野外，可点火取暖或作其他使用，具备防风功能
多功能军用铲	多功能军用铲包括铁锹、斧头、野外专用刀、野外专用锯等 4 大主要部件，另有开瓶器等多种小功能，其强度高、功能全、携带方便
折叠式水桶	折叠式水桶采用防水布制造，折叠后体积小，结实耐用，可以用来盛水、油等液体

物品类型	物品说明
军用压缩饼干	军用压缩饼干专供军队在野战环境下使用，具有热量高、重量轻、体积小、便于携带等优点。除供给人体所需要的营养和热量外，还具有显著的调动人体内脂肪和提神抗疲劳作用。在应急情况下，一箱 90 压缩饼干（5 千克）是一个人 160 天的最低生命维持量，1 小包也可以使人支撑半个月
应急保温毯	应急保温毯主要在烈日或严寒下使用，保护身体避免阳光直接照射或维持人体热量在 80% 以上
长明蜡烛	长明蜡烛是为特殊应急防灾定制，单只可燃烧 15~18 小时
应急逃生绳	当发生水灾，人员被水所困时，可以将应急逃生绳连接到救生圈上，根据实际情况进行转移
净水片	净水片能够在 30 分钟内清除水中的细菌、病毒以及原生生物，净化后的饮用水保质期可长达 6 个月
救生圈、救生衣	救生圈、救生衣是防止溺水的保护工具，被困者穿在身上时，可借助浮力使头部露出水面

汽车洪涝逃生应急物资见表3。

表3　汽车洪涝逃生应急物资

物品类型	物品说明
多功能手电筒	多功能手电筒集手摇充电电筒、手摇手机充电、报警器或闪光求救（一红灯和一蓝灯）、高灵敏高保真收音机、高亮LED灯于一体
求救警哨	求救警哨是一种铁哨，用于洪水、地震、行车突发事件等紧急情况下的求救，注意清洗后干燥保存
救生圈、救生衣	救生圈、救生衣是防止溺水的保护工具，被困者穿在身上时，可借助浮力使头部露出水面
应急锤	应急锤是封闭舱室里的辅助逃生工具，可以放在汽车手套箱里或座位下面，其强度足以敲碎玻璃，以帮助司机和乘客在车辆落水后逃生。有些应急锤还配有小剃刀或剪刀，当安全带缠在一起时可用其切断
五金工具箱	五金工具箱包括扳手、钳子、锤子等工具，可以帮助我们在车辆被水淹没时打开车门逃生
医疗应急箱	医疗应急箱中可包括常用的抗生素、感冒药，治疗皮肤病、眼病的常用药品及外科常用药

三 灾中应急避险

灾中应急避险

- 🌊 识别洪水预警信号
- 🌊 遭遇暴雨引发的洪涝
- 🌊 遭遇突发山洪
- 🌊 洪涝易发区

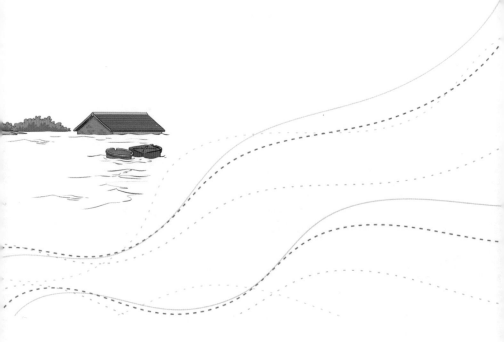

（一） 识别洪水预警信号

　　洪水预警信号由低到高分为四级，分别以蓝色、黄色、橙色、红色表示，我们可以根据不同颜色的预警采取相应避险措施。

➤ 洪水蓝色预警信号

洪水蓝色预警信号表示预计水位可能达到或超过警戒水位。

标准（满足下列条件之一）：

（1）水位（流量）接近警戒水位（流量）。

（2）洪水要素重现期接近 5 年。

➤ 洪水黄色预警信号

洪水黄色预警信号表示预计水位可能接近保证水位。

标准（满足下列条件之一）：

（1）水位（流量）达到或超过警戒水位（流量）。

（2）洪水要素重现期达到或超过 5 年。

➤ 洪水橙色预警信号

洪水橙色预警信号表示预计水位可能达到或超过保证水位。

标准（满足下列条件之一）：

（1）水位（流量）达到或超过保证水位（流量）。

（2）洪水要素重现期达到或超过 20 年。

➤ 洪水红色预警信号

洪水红色预警信号表示预计水位可能达到或超过堤防设计

水位 / 堤顶高程 /50 年一遇水位。

标准（满足下列条件之一）：

（1）水位（流量）达到或超过历史最高水位（最大流量）。

（2）洪水要素重现期达到或超过 50 年。

（二） 遭遇暴雨引发的洪涝

暴雨是一种复杂的天气现象，不仅取决于天气系统和天空状况，而且也受到地理、季节的制约。春夏之交，南方的暖湿气流开始活跃，并源源不断地从南部洋面涌入，此时，北方冷空气依旧强劲，冷暖空气频繁而剧烈地交锋，形成一次又一次的暴雨天气过程。根据《降水量等级》（GB/T 28592—2012），24 小时降雨量超过 50 毫米的为暴雨，超过 100 毫米的为大暴雨，超过 250 毫米的为特大暴雨。

从影响系统来说，暴雨主要是受台风、低压、低槽冷锋、静止锋、低涡切变等天气系统的影响而产生的。每年 6—7 月，江淮流域常常出现一种大范围的连阴雨天气，气象上称之为梅雨，此时气温高、湿度大、风力小、降雨频繁，多为大雨、暴雨，容易引发洪涝灾害。一般情况下，山区暴雨容易导致山洪、泥石流，城市暴雨则容易导致城市内涝。

➤ 收到预警怎么办?

收到持续性暴雨预警后,应当马上采取避险措施。

(1)立即检查自己所处房屋的安全状况,如果房屋危旧或处低洼地带应迅速转移。

(2)收回或覆盖露天晾晒的物品,准备好沙袋等防汛物资。

(3)将不便携带的贵重物品作防水捆扎后埋入地下或放到高处,票款、首饰等小件贵重物品可缝在衣服内随身携带。

➤ 应急物品有哪些?

(1)准备必要的生活物资。尽可能多准备饮用水、罐装果汁和保质期长的食品,并捆扎密封,以防发霉变质。

(2)准备好日用品、保暖衣物,以备急需。

(3)准备好常用的抗生素、感冒药、治疗皮肤病和眼病的常用药品,特别是家中有高血压、糖尿病、心脏病的患者,应准备好应急药品。

(4)准备如手电筒、蜡烛、镜子、打火机等照明用具,颜色鲜艳的衣物及哨子等可以用作信号的物品。

(5)准备一台无线电收音机,以备通信中断后能及时了解有关信息。

(6)汽车提前加满油,以保证随时可以开动。

➤ 室内避险如何应对？

为防止洪水涌入屋内，要堵严门窗的缝隙，可以使用旧地毯、旧毛毯等。有条件的话，在门槛外堆放沙袋，以阻止洪水涌入。用胶带等密封所有的门窗缝隙、老鼠洞穴、排水洞等一切可能进水的地方。为防止其他意外伤害，应该在室内进水前，及时切断电源，以防触电。

遇到打雷时要注意避雷。要马上关闭门窗，防止大雨及侧雷进入房间。房间的正中央较为安全，切忌停留在电灯正下面，忌倚靠在柱子、墙壁、门窗边，要远离天线、水管、铁丝网、金属门窗等物体，以避免在打雷时产生感应电而致意外。雷雨天不要使用电视、电脑、空调等家电，更不要接打手机。

➤ 室外避险如何应对？

如在户外，应当立即停止户外活动，迅速回到室内躲避。走路时要注意观察，尽可能绕过积水严重地段，防止跌入窨井及坑、洞中。不要惊慌、乱跑，以免因出汗散热产生电荷而遭雷击。

如不能马上回到室内，外出时要穿胶鞋、披雨衣，以起到绝缘作用。不要穿湿衣、湿鞋或戴湿帽等在雷雨中走动。在室外时，人与人之间不要拥挤，以防被雷击中后电流互相传导伤人。除了用雨衣等雨具避雨外，可到有防雷设施的场所躲避。不要使用金属柄雨伞，要摘下金属架眼镜、手表、腰带。不要在空旷的野外停留，不要到大树下、高出地面的棚舍和草垛处避雨，如不得已在大树下避雨，要与树干保持 3 米以上距离。不要把锄头、铁锹等工具放在身边，更不能到池塘钓鱼、游泳，同时要远离孤立的大树、高塔、电线杆、广告牌等，以免受到雷击。在空旷的环境中应将手机关闭，如有雷电袭来，应在低洼地方蹲下，双臂抱膝，双腿靠拢，胸口紧贴膝，尽量低下头，以防受到雷击。

如果正在行车，一定要服从交警指挥，打开前后雾灯，将雨刷器调到最快。做到不停车、不换挡、不收油门、不加速、不拐弯、平稳驾驶。一旦车在水中熄火，要尽快拖离积水区。

尽量减少不必要的外出活动，以免生命安全受到威胁。如果需要逃生或转移，应注意根据手机、电视、广播等媒体提供的信息，结合自己所处的位置和条件，选择最佳路线撤离，避免出现"人未走水先到"的被动局面。明确撤离路线和目的地，认清路标，避免因为惊慌而走错路。

暴雨中行车应平稳驾驶，减速慢行，打开雨雾灯

如果路面开始积水，切记不要贸然涉水，其原因在于：①在有斜坡的路面上可能形成急流，要谨防被水流冲倒；②部分井盖可能被掀起，行人不小心就可能掉入井中，不得不涉水

行走时，务必注意观察水面流速，以及水面有无漩涡，漩涡就意味着水下有敞口的井；③谨防水体带电，脚上一旦感觉发麻，必须赶紧后退，脱离带电的水体。

> ## 如何自制简易救生装置？

根据身边条件，可采取以下办法制作救生装置：①挑选油桶、储水桶等体积大的容器，倒出原有液体后，重新将盖子盖紧、密封；②把空饮料瓶、木酒桶或塑料桶等具有一定漂浮力的物品捆扎在一起；③搜集木盆、木材、大件泡沫塑料等可漂浮的材料，以备急需；④扎制木排、竹排；⑤搜集有漂浮力的树木或桌椅板凳等木质家具。

（三） 遭遇突发山洪

　　山洪是山区溪沟中发生的暴涨洪水，具有突发性、水量集中、流速大、冲刷破坏力强等特点。山洪的水流中往往裹挟着泥沙甚至石块等，它和它所诱发的泥石流、滑坡等现象常会造成人员伤亡，毁坏房屋、田地、道路和桥梁等，甚至有可能导致水坝、山塘溃决，造成非常严重的危害。

雨季经常关注气象预报信息和权威部门发布的灾情预报，密切关注和了解所在地的雨情、水情变化，减少山区出行，避免河谷露营。事先熟悉居住地所处的位置和山洪隐患情况，确定好应急措施与安全转移的路线和地点。注意观察山洪到来前兆，例如井水浑浊、地面突然冒浑水等现象。

当遭遇突发山洪时，一定要保持冷静，迅速判断周边环境，尽快向山坡、楼房或较高地方转移；如一时躲避不了，应选择一个相对安全的地方避洪。山洪暴发时，不要沿着行洪道方向跑，而要向两侧快速躲避。切记不可向低洼地带和山谷出口转移，也千万不要轻易涉水过河。当被山洪困在山中，应及时与当地应急管理部门及防汛部门取得联系，寻求救援。

（四） 洪涝易发区

如果生活在洪涝易发区，平时更要注重学习防灾减灾知识，养成汛期及时关注天气预报的习惯，随时掌握天气变化，做好家庭防护准备，确保自身及家人安全。

要在平时学会观察，留心自己周围的地形地貌，为自己选一个可以应急避险的安全地点，提前规划到这个安全地点的路线。

家中常备应急物品，并在汛期到来前检查是否可以随时使用。平房或地势低洼地带的居民，可在大门口、屋门前放置挡水板、沙土袋等，或砌好防水门槛，设置挡水土坝，防止雨水进入院落或屋内。另外，物业要加强值守，保证地下车库汛期安全。

居住在水库下游、山体易滑坡地带、低洼地带、有结构安全隐患房屋等危险区域的人群应转移到安全区域，密切关注汛情，服从防汛指挥部门的统一安排，及时开展避险行动。

四 开展自救互救

开展自救互救

- 🦅 设法自救
- 🦅 积极互救

（一） 设法自救

如果被洪水围困，不要消极等待救援，应该结合自己所处的位置，进行判断，积极主动寻求生机。

➤ 在室内或建筑物中

如遇洪水，房屋处于低洼处，首先要堵塞门的缝隙，以阻止洪水涌入。如果洪水短时间内没有消退的趋势，应当快速转移。转移前，收集食物和必要的生活用品，带在身边以备不时之需，还要携带火柴或打火机，必要时用来生火。

如果洪水继续迅速猛涨，来不及转移，要迅速爬到屋顶或树上避险。尽可能收集一切可用来发出求救信号的物品，比如手电筒、哨子、镜子、颜色鲜艳的衣物或床单、油布（用以焚烧）等，一旦被困，能够及时发出求救信号，争取被尽快营救。受到洪水围困时，要想方设法联系到当地的应急管理部门和防汛部门，清楚告知对方自己所处的方位、灾情程度等，积极寻求救援。当发现救援人员时，要及时挥动颜色鲜艳的衣物、床单，或利用眼镜片、镜子等在阳光照射下的反光发出求救信号；夜晚可利用手电筒及火光发出求救信号。

　　在等待救援的过程中，要用绳子或被单等将身体与烟囱、树木等固定物相连，以免被洪水卷走。除非洪水可能冲垮建筑物或水面没过屋顶使你被迫撤离，否则尽量待在原地，等洪水停止上涨再逃离。如果洪水的水位线持续上升，暂避的地方不能自保，就要快速寻找一些门板、桌椅、木床、大块泡沫或塑料等能够在水上漂浮的材料，利用这些材料做成简单的"筏"

进行逃生。但是，乘"筏"是有危险的，尤其是对于水性不好的人，遇上汹涌洪水很容易翻船，因此不到迫不得已，尽量不要采用这种办法逃生。爬上"筏"之前要试验其浮力，测试其是否能承受身体重量，并带上食物、能当船桨的物品，以及发信号的工具。

洪水汹涌时，切不可下水，此时水中的漩涡、暗流等，极易对人造成伤害。同时，上游冲下来的漂浮物也很可能将人撞晕，导致溺水身亡。在水中还可能遇到其他危险，例如被蛇、虫咬伤，触电等。所以要提高警惕、谨慎下水。

➤ 在野外或交通工具中

下暴雨时，不要在河道及沟谷、洼地中行走或停留，因为这里往往是洪水最先到达的地方，也极易发生次生地质灾害。千万不要攀登电线杆，避免发生触电事故。要迅速向高坡及高处跑，如果来不及，应马上用腰带将自己固定在附近的树干上或抱住大树，以免疲惫不堪时被洪水冲走，应采取一切措施避免自己落入水中。

若在公交车等公共交通工具内遇到熄火，应马上设法打开车门，不要拥挤，避免踩踏事故发生。下水后若水流湍急，人们可手拉手组成人墙，并逐渐向岸边移动，避免被水冲倒。当打不开车门时，应立即用车上的工具，如安全锤等敲碎玻璃，从车窗逃生。

　　若是自己驾车，要观察道路情况，在水中小心驾驶。当处在峡谷或山地，要迅速驶向高地。如果在洪水中出现熄火现象，应毫不犹豫立即弃车。不要企图穿越被水淹没的公路，这样做往往会被上涨的水困住。

如果在洪水中出现熄火现象，
应毫不犹豫立即弃车

　　如果不幸落水，一定要冷静下来，头部尽力向后仰，口、鼻部分向上露出水面，呼气要浅，吸气要深，尽可能让身体浮在水面上，等待他人施救。不要向上举起双手或者拼命挣扎，这样更容易往下沉。尽可能抓住身边一切能够漂浮的东西，寻找机会求生。

头部尽力向后仰，口、鼻部分向上露出水面，
呼气要浅，吸气要深

（二）积极互救

面对滚滚波涛，如果能够进行互救，也是摆脱困境的有效手段。碰上他人在水中遇险时，我们都要在力所能及的情况下伸出援手，争分夺秒地科学抢救生命。

施救者应当保持镇静，尽可能脱去衣裤，尤其要脱去鞋靴，迅速游到溺水者附近。对精疲力竭或者神志不清的溺水者，施救者可从头部接近；对神志清醒的溺水者，施救者应从背后接近，用一只手从背后抱住溺水者的头颈，另一只手抓住溺水者的手臂游向岸边。

救援时要注意防止被溺水者紧抱拖拽而双双发生危险。如果万一被溺水者抱住，不要相互拖拉，而要放手自沉，使溺水

最好携带救生圈、木板，或乘小船进行救援

大声呼救　　拨打"120"

者松开手后再进行救援。如施救者游泳技术不熟练，最好携带救生圈、木板，或乘小船进行救援，也可以投下绳索、竹竿等，让落水者握住再拖带上岸。

发现溺水者，应当立即拨打"120"或附近医院的急诊电话，请求医疗急救。将溺水者救上岸后，需要立即清除其口鼻淤泥、杂草、呕吐物等，打开气道，帮助其呼吸，然后迅速将溺水者放在施救者屈膝的大腿上，头部向下，随即按压背部，迫使吸入呼吸道和胃内的水流出，时间不宜过长（1分钟即可）。

五 灾后防疫事项

灾后防疫事项

- 易发生的疾病
- 注意事项

（一）易发生的疾病

洪涝灾害过后，容易发生的疾病包括：肠道传染病，如霍乱、伤寒、痢疾、甲型肝炎等；人畜共患疾病和自然疫源性疾病，如钩端螺旋体病、流行性出血热、血吸虫病、疟疾、流行性乙型脑炎、登革热等；皮肤病，如浸渍性皮炎、虫咬性皮炎；意外伤害，如溺水、触电、中暑、外伤、毒虫蜇伤、毒蛇咬伤；食物中毒和农药中毒。

洪涝发生后，应当及时到卫生防疫部门派出的医疗防疫队寻求救治，还可以去灾民集中安置区设置的固定医疗点，领取防病治病的药品。

（二）注意事项

灾后过渡阶段，要特别注意以下 6 点：

（1）饮水安全。洪水暴发时，水源容易被污染，进而引发流行病。要做到不喝生水，装水的缸、桶、锅、盆等器皿都必须保持清洁。对取自井水、河水、湖水的临时饮用水，尽量用漂白粉消毒，并且一定要烧开饮用。浑浊度大、污染严重的水，必须先加明矾澄清。有条件的地方还可以用瓶装水或净水器过滤。

（2）食品卫生。千万不要吃腐败变质或被污水浸泡过的食物，不吃淹死、病死的畜禽和水产品。食物生熟要分开，碗筷要清洁消毒后使用。

（3）环境卫生。及时清洁自己的居住环境，保持卫生，能够有效地预防疾病的发生。洪水退去后应当及时清除住所外的污泥，垫上沙石或新土；清除水井中的污泥，并投放漂白粉消毒。家具等生活用品应当先进行清洗，再搬入居室。厕所要进行整修。

（4）避免接触疫水。在血吸虫病流行的地区，接触疫水前，应当在可能接触疫水的皮肤部位涂抹防止血吸虫尾蚴侵入的防护霜，有条件的应当穿戴胶靴、胶手套、胶裤等防护用具。接触疫水后，应主动去血防部门检查，如若发现感染，应及早治疗，以防发病。

（5）家畜管理。及时修补畜禽棚圈，搞好棚圈卫生，要经常喷洒灭蚊药。不要让家畜家禽的粪尿直接排入河水、湖水、塘水中。

（6）媒介生物控制。开展防蝇灭蝇、防鼠灭鼠、防螨灭螨等工作。粪缸、粪坑中加药杀蛆。室内用苍蝇拍灭蝇，食物用防蝇罩遮盖。动物尸体要深埋，覆盖的土层要夯实。发现老鼠异常增多时要及时向有关部门报告。

六　应急常用信息

应急常用信息

- 应急电话
- 应急标识
- 警示标识

（一）应急电话

火警电话 ———————— 119

报警电话 ——————— 110

医疗救护 —————— 120

交通事故报警服务电话 ——— 122

公安短信报警号码 ——— 12110

森林防火报警电话 ———— 12119

水上遇险求救电话 ——12395

电话号码查询 ————114

妇女维权公益服务热线 ———12338

紧急呼叫中心 ———— 112

天气预报查询 ——————— 12121

（二） 应急标识

应急避险场所 EMERGENCY SHELTER

应急厕所 EMERGENCY TOILETS

应急供电 EMERGENCY POWER SUPPLY

应急供水 EMERGENCY WATER SUPPLY

应急灭火器 EMERGENCY FIRE EXTINGUISHER

应急物资供应 EMERGENCY GOODS SUPPLY

应急医疗救护 EMERGENCY MEDICAL TREATMENT

应急棚宿区 AREA FOR MAKESHIFT TENTS

应急垃圾存放 EMERGENCY RUBBISH STORAGE

应急停机坪 EMERGENCY AIRFIELD

应急停车场 EMERGENCY PARKING

应急水井 EMERGENCY DRINKING WELL

（三）　警示标识

 当心爆炸 　 当心车辆 　 当心触电 　 当心吊物

 当心防尘 　 当心腐蚀 　 当心滑跌 　 当心火车

 当心火灾 　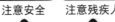 当心水灾 　 当心塌方 　 当心中毒

 注意安全 　 注意残疾人 　 注意村庄 　 注意儿童

 注意高温 　 注意行人 　 注意慢行 　 注意牲畜

 注意施工 　 注意隧道